orcas BEBÉS

KIM THOMPSON

CREATIVE EDUCATION • CREATIVE PAPERBACKS

CONT

ENIDO

SOY UN BALLENATO.

Soy una orca bebé.

Las orcas también se llaman ballenas asesinas.

Mi mamá tiene solo una cría a la vez. Nado en el océano al lado de mi mamá.

Tomo la leche de mi mamá. Tiene muchos nutrientes. Me ayuda a desarrollar grasa.

¡Nado por todo el mundo! Vivo con muchos miembros de mi familia. Somos una manada.

Usamos la ecolocalización para encontrarnos.

Aprendo
a cazar.

Atrapo peces, focas, pingüinos y otros animales. Mis dientes rasgan y desgarran.

Trabajo junto con mi manada para cazar.

HABLA Y ESCUCHA

¿Puedes hablar como un ballenato? Las orcas bebés chillan y chasquean.

Escucha estos sonidos:

https://www.youtube.com/watch?v=GB5uvrUGmuA

PALABRAS DE ORCA

ballenas: mamíferos grandes que viven en el océano

ecolocalización: una forma de encontrar algo emitiendo sonidos y escuchándolos rebotar en los objetos

grasa: una capa gruesa de tejido adiposo que ayuda a que el cuerpo de la ballena se mantenga caliente en aguas frías

manada: un grupo de ballenas que viven juntas

ÍNDICE ALFABÉTICO

PUBLICADO POR CREATIVE EDUCATION Y CREATIVE PAPERBACKS
P.O. Box 227, Mankato, Minnesota 56002
Creative Education y Creative Paperbacks son sellos editoriales de The Creative Company
www.thecreativecompany.us

CATALOGING-IN-PUBLICATION DATA ESTÁ DISPONIBLE EN LIBRARY OF CONGRESS
LCCN: 2024054115
Library Binding ISBN: 9798889898573
Paperback ISBN: 9781682778975
eBook ISBN: 9798889899365

DISEÑO Y PRODUCCIÓN
Diseño por Rhea Magaro
Producción de Beeline Media and Design, Inc.
Dirección artística de Tom Morgan

FOTOGRAFÍAS de Alamy Stock Photo/Juniors Bildarchiv / R304, 12; Dreamstime/Bennymarty, 11, Slowmotiongli, 6-7, 7; Getty Images/GeoStock, 10-11; Shutterstock/ Alexander Baumann, portada, Bohbeh, 13, Christian Musat, 4, Happy Whale, 2-3, Mike Price, 5, Pete Niesen, 14, slowmotiongli, 8, Willyam Bradberry, 9

Impreso en los Estados Unidos de América